JN143858

# 日本の火山

井口正人 監修　宮武健仁 写真・文

くもん出版

## 羅臼岳（北海道）

知床半島には、羅臼岳をはじめ、知床硫黄山、天頂山と火山が連なっています。

羅臼岳の溶岩ドームです。

**摩周（北海道）**

摩周湖は、世界で２番目にとうめいな湖です。

**アトサヌプリ（北海道）**

硫黄がたくさんあって植物が育ちにくく、緑におおわれていないことから、アイヌのことばで「はだかの山（アトサヌプリ）」とよばれています。

## 雄阿寒岳（北海道）

活発な雌阿寒岳とちがい、静かな、緑におおわれた山です。阿寒湖もふくまれる、阿寒カルデラの中にあります。

## 雌阿寒岳（北海道）

数年ごとに噴火をくりかえす、活発な火山です。

## 大雪山(北海道)

北海道でいちばん高い旭岳もふくまれ、北海道の屋根とよばれます。
火口湖の近くでは、活発に噴気があがっています。

**十勝岳(北海道)**　日ごろから、活発に噴気をあげています。

**樽前山(北海道)**

山頂に、プリンのような溶岩ドームがのっています。1667年と1739年には、大きな噴火を起こしました。

## 倶多楽(北海道)

溶岩ドームの日和山。いまも、噴気があがっています。

日和山の東には、カルデラ湖の倶多楽湖があります。

## 有珠山（北海道）

近年はおよそ20年から30年ごとに、大きな噴火をくりかえしています。2000年の噴火では、町のそばにいくつもの火口ができました。

## 北海道駒ヶ岳（北海道）

江戸時代に山体崩壊を起こす大きな噴火があって、まわりにたくさんの湖ができました。

## 恵山（北海道）

いくつもの溶岩ドームが、太平洋につきでるようにそびえています。

恵山溶岩ドームの西側には、大地獄火口があります。

**岩木山（青森県）**

青森県の津軽平野にあり、県内のどこからも目立ちます。

山頂付近には、1600年に噴火した鳥の海火口があります。

**秋田焼山(秋田県)**

まわりには、たくさんの種類の温泉があります。玉川温泉では、強い放射能をしめす北投石がとれます。日本でとれるのは、ここだけです。

泥火山とよばれる噴出も見られます。

## 八幡平（秋田県・岩手県）

なだらかな形の火山です。

およそ1万年前の噴火でできた火口が、いくつか残っています。

## 岩手山（岩手県）

江戸時代の噴火では、溶岩が3.4キロものきょりを流れました。

焼走り溶岩とよばれ、いまでも見ることができます。

## 鳥海山（秋田県・山形県）

秋田と山形の県境にそびえる、東北地方で最大級の火山です。

まわりには、たくさんのわき水があります。

## 栗駒山（秋田県・岩手県・宮城県）

1944年に噴火が起こりました。

## 蔵王山（宮城県・山形県）

宮城と山形の県境にそびえ、山頂の近くには御釜とよばれる火口湖があります。最近、活動が活発になってきています。

## 吾妻山（山形県・福島県）

2014年から活動が活発になっていて、山に入れなくなることがあります。火口からは、噴気があがっています。

## 磐梯山（福島県）

1888年の噴火で、山体崩壊が起こりました。くずれた土砂がふもとまで流れ、川をせきとめて、桧原湖や五色沼などができました。

### 那須岳（福島県・栃木県）

室町時代の噴火で、茶臼岳の溶岩ドームができました。

殺生石のあたりからは、有毒な火山ガスが出ています。

## 草津白根山（群馬県・長野県）

噴火にはいたっていませんが、2014年から活動が活発になりました。

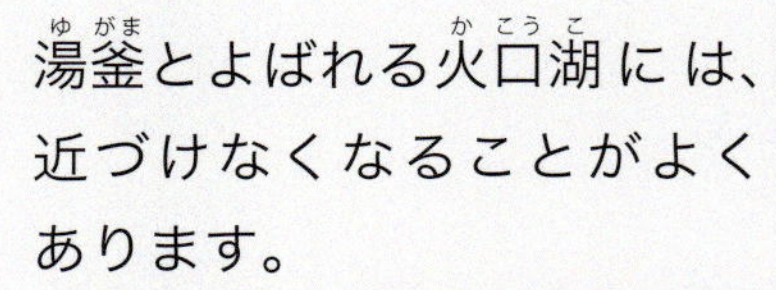

湯釜とよばれる火口湖には、近づけなくなることがよくあります。

## 浅間山（群馬県・長野県）

いまもたびたび噴火し、東京に火山灰がふることもあります。

鬼押出溶岩は、江戸時代の1783年に起きた噴火で流れでたものです。

## 弥陀ヶ原(富山県・長野県)

北アルプスの立山にある火山です。

さかんに噴気をあげる地獄谷のそばには、およそ１万年前に噴火したときの火口に水がたまった、ミクリガ池があります。

## 焼岳（長野県・岐阜県）

観光地として有名な、上高地の西にそびえる火山です。大正時代の噴火で土砂が梓川をせきとめ、大正池ができました。

いまも山頂付近から、噴気があがっています。

## 御嶽山（長野県・岐阜県）

2000年以上も噴火せず、おとなしい火山でしたが、1979年にとつぜん噴火しました。最近では2014年に水蒸気噴火を起こしました。

## 富士山（山梨県・静岡県）

江戸時代の1707年に噴火したときの火口が、中腹に見られます。

## 箱根山（静岡県・神奈川県）

東京から近い活火山です。2015年に噴火が起こりました。

## 伊豆大島（東京都）

島の中央に、火山の三原山があります。1986年の噴火では、すべての島民が島の外へ避難しました。そのときの溶岩流のあとが残っています。

## 青ヶ島(東京都)

八丈島の南の太平洋にうかぶ火山島です。

カルデラのなかに、火口丘があります。

### 三瓶山（島根県）

いまは噴気も見られず、すっかり緑におおわれています。

## 阿武火山群（山口県）

萩市、阿武町、山口市にある火山群。とても流れやすい溶岩が、平らにかたまってできました。その形から、楯状火山とよばれます。

## 九重山(大分県・熊本県)

九州でいちばん高い火山です。

星生山の溶岩ドーム付近からは、噴気があがっています。

## 阿蘇山（熊本県）

中岳火口が活発に活動しています。最近では、2016年10月に噴火しました。

## 雲仙岳（長崎県）

かたい溶岩がもりあがってできる溶岩ドームは、成長しすぎるとくずれおちて、火砕流を起こすことがあります。1991年には、大きな火砕流が発生しました。

## 霧島山(宮崎県・鹿児島県)

たくさんの火口やカルデラ湖があります。

2011年に、新燃岳が噴火しました。

## 桜島(鹿児島県)

1年に1000回近くも噴火することがある、世界でもめずらしい活発な火山です。

## 薩摩硫黄島(鹿児島県)

薩摩半島の南にある火山島です。

茶色くにごった海は、島の名前のとおり、硫黄や鉄分などのせいです。

## 日本の活火山

|  | 県名 | 火山名 | よみかた |
|---|---|---|---|
| 1 | 北海道 | 知床硫黄山 | しれとこいおうざん |
| 2 | 北海道 | 羅臼岳 | らうすだけ |
| 3 | 北海道 | 天頂山 | てんちょうざん |
| 4 | 北海道 | 摩周 | ましゅう |
| 5 | 北海道 | アトサヌプリ | あとさぬぷり |
| 6 | 北海道 | 雄阿寒岳 | おあかんだけ |
| 7 | 北海道 | 雌阿寒岳 | めあかんだけ |
| 8 | 北海道 | 丸山 | まるやま |
| 9 | 北海道 | 大雪山 | たいせつざん |
| 10 | 北海道 | 十勝岳 | とかちだけ |
| 11 | 北海道 | 利尻山 | りしりざん |
| 12 | 北海道 | 樽前山 | たるまえさん |
| 13 | 北海道 | 恵庭岳 | えにわだけ |
| 14 | 北海道 | 倶多楽 | くったら |
| 15 | 北海道 | 有珠山 | うすざん |
| 16 | 北海道 | 羊蹄山 | ようていざん |
| 17 | 北海道 | ニセコ | にせこ |
| 18 | 北海道 | 北海道駒ヶ岳 | ほっかいどうこまがたけ |
| 19 | 北海道 | 恵山 | えさん |
| 20 | 北海道 | 渡島大島 | おしまおおしま |
| 21 | 青森県 | 恐山 | おそれざん |
| 22 | 青森県 | 岩木山 | いわきさん |
| 23 | 青森県 | 八甲田山 | はっこうださん |
| 24 | 青森県・秋田県 | 十和田 | とわだ |
| 25 | 秋田県 | 秋田焼山 | あきたやけやま |
| 26 | 秋田県・岩手県 | 八幡平 | はちまんたい |
| 27 | 岩手県 | 岩手山 | いわてさん |
| 28 | 秋田県・岩手県 | 秋田駒ヶ岳 | あきたこまがたけ |
| 29 | 秋田県・山形県 | 鳥海山 | ちょうかいさん |
| 30 | 秋田県・岩手県・宮城県 | 栗駒山 | くりこまやま |
| 31 | 宮城県 | 鳴子 | なるこ |
| 32 | 山形県 | 肘折 | ひじおり |
| 33 | 宮城県・山形県 | 蔵王山 | ざおうざん |
| 34 | 山形県・福島県 | 吾妻山 | あづまやま |
| 35 | 福島県 | 安達太良山 | あだたらやま |
| 36 | 福島県 | 磐梯山 | ばんだいさん |
| 37 | 福島県 | 沼沢 | ぬまざわ |
| 38 | 福島県 | 燧ヶ岳 | ひうちがたけ |
| 39 | 福島県・栃木県 | 那須岳 | なすだけ |
| 40 | 栃木県 | 高原山 | たかはらやま |
| 41 | 栃木県・群馬県 | 日光白根山 | にっこうしらねさん |
| 42 | 群馬県 | 赤城山 | あかぎさん |
| 43 | 群馬県 | 榛名山 | はるなさん |
| 44 | 群馬県・長野県 | 草津白根山 | くさつしらねさん |
| 45 | 群馬県・長野県 | 浅間山 | あさまやま |
| 46 | 長野県 | 横岳 | よこだけ |
| 47 | 新潟県・長野県 | 新潟焼山 | にいがたやけやま |
| 48 | 新潟県 | 妙高山 | みょうこうさん |
| 49 | 富山県・長野県 | 弥陀ヶ原 | みだがはら |
| 50 | 長野県・岐阜県 | 焼岳 | やけだけ |
| 51 | 長野県・岐阜県 | アカンダナ山 | あかんだなやま |
| 52 | 長野県・岐阜県 | 乗鞍岳 | のりくらだけ |
| 53 | 長野県・岐阜県 | 御嶽山 | おんたけさん |
| 54 | 岐阜県・石川県 | 白山 | はくさん |
| 55 | 山梨県・静岡県 | 富士山 | ふじさん |
| 56 | 静岡県・神奈川県 | 箱根山 | はこねやま |
| 57 | 静岡県 | 伊豆東部火山群 | いずとうぶかざんぐん |
| 58 | 東京都 | 伊豆大島 | いずおおしま |
| 59 | 東京都 | 利島 | としま |
| 60 | 東京都 | 新島 | にいじま |
| 61 | 東京都 | 神津島 | こうづしま |
| 62 | 東京都 | 三宅島 | みやけじま |
| 63 | 東京都 | 御蔵島 | みくらじま |
| 64 | 東京都 | 八丈島 | はちじょうじま |
| 65 | 東京都 | 青ヶ島 | あおがしま |
| 66 | 東京都 | ベヨネース列岩 | べよねーすれつがん |
| 67 | 東京都 | 須美寿島 | すみすじま |
| 68 | 東京都 | 伊豆鳥島 | いずとりしま |
| 69 | 東京都 | 孀婦岩 | そうふがん |
| 70 | 東京都 | 西之島 | にしのしま |
| 71 | 東京都 | 海形海山 | かいかたかいざん |
| 72 | 東京都 | 海徳海山 | かいとくかいざん |
| 73 | 東京都 | 噴火浅根 | ふんかあさね |
| 74 | 東京都 | 硫黄島 | いおうとう |
| 75 | 東京都 | 北福徳堆 | きたふくとくたい |
| 76 | 東京都 | 福徳岡ノ場 | ふくとくおかのば |
| 77 | 東京都 | 南日吉海山 | みなみひよしかいざん |
| 78 | 東京都 | 日光海山 | にっこうかいざん |
| 79 | 島根県 | 三瓶山 | さんべさん |
| 80 | 山口県 | 阿武火山群 | あぶかざんぐん |
| 81 | 大分県 | 鶴見岳・伽藍岳 | つるみだけ・がらんだけ |
| 82 | 大分県 | 由布岳 | ゆふだけ |
| 83 | 大分県・熊本県 | 九重山 | くじゅうさん |
| 84 | 熊本県 | 阿蘇山 | あそさん |
| 85 | 長崎県 | 雲仙岳 | うんぜんだけ |
| 86 | 長崎県 | 福江火山群 | ふくえかざんぐん |
| 87 | 宮崎県・鹿児島県 | 霧島山 | きりしまやま |
| 88 | 鹿児島県 | 米丸・住吉池 | よねまる・すみよしいけ |
| 89 | 鹿児島県 | 若尊 | わかみこ |
| 90 | 鹿児島県 | 桜島 | さくらじま |
| 91 | 鹿児島県 | 池田・山川 | いけだ・やまがわ |
| 92 | 鹿児島県 | 開聞岳 | かいもんだけ |
| 93 | 鹿児島県 | 薩摩硫黄島 | さつまいおうじま |
| 94 | 鹿児島県 | 口永良部島 | くちのえらぶじま |
| 95 | 鹿児島県 | 口之島 | くちのしま |
| 96 | 鹿児島県 | 中之島 | なかのしま |
| 97 | 鹿児島県 | 諏訪之瀬島 | すわのせじま |
| 98 | 沖縄県 | 硫黄鳥島 | いおうとりしま |
| 99 | 沖縄県 | 西表島北北東海底火山 | いりおもてじまほくほくとうかいていかざん |
| 100 | 択捉島 | 茂世路岳 | もよろだけ |
| 101 | 択捉島 | 散布山 | ちりっぷさん |
| 102 | 択捉島 | 指臼岳 | さしうすだけ |
| 103 | 択捉島 | 小田萌山 | おだもいさん |
| 104 | 択捉島 | 択捉焼山 | えとろふやけやま |
| 105 | 択捉島 | 択捉阿登佐岳 | えとろふあとさぬぷり |
| 106 | 択捉島 | ベルタルベ山 | べるたるべさん |
| 107 | 国後島 | ルルイ岳 | るるいだけ |
| 108 | 国後島 | 爺爺岳 | ちゃちゃだけ |
| 109 | 国後島 | 羅臼山 | らうすさん |
| 110 | 国後島 | 泊山 | とまりやま |

監修：井口正人（いぐち まさと）
京都大学防災研究所火山活動研究センター長。京都大学博士（理学）。

写真・文：宮武健仁（みやたけ たけひと）
1966年大阪府生まれ。幼少の頃より徳島市に育つ。1988年、東京工芸大学工学部写真工学科卒業。1988年に写真機器メーカー「ノーリツ鋼機株式会社」入社、スタジオカメラマンになる。1995年独立。日経ナショナルジオグラフィック写真賞2013グランプリ受賞。著書や写真集に、「光るいきもの」シリーズ（全3巻、くもん出版）、『桜島の赤い火』（たくさんのふしぎ／福音館書店）、『四季紀伊』『清流吉野川』（ともにクレオ）、『四国回帰線』（ぎょうせい）、『桜島―生きている大地』（パイインターナショナル）などがある。

撮影協力（順不同、敬称略）
磐梯山噴火記念館、群馬県草津町、鬼押出し園、御岳ロープウェイ、
東京都青ヶ島村、鹿児島県三島村

参考資料
日本活火山総覧（第4版・気象庁）
気象庁ホームページ／知識・解説／火山

装丁・デザイン　村松道代（TwoThree）

火山の国に生きる　日本の火山

2017年2月25日　初版第1刷発行

写真・文　宮武健仁
発行人　志村直人
発行所　株式会社 くもん出版
〒108-8617　東京都港区高輪4-10-18　京急第1ビル13F
電　話　03-6836-0301（代表）
03-6836-0317（編集部）
03-6836-0305（営業部）
ホームページアドレス　http://www.kumonshuppan.com/
印　刷　精興社

NDC453・くもん出版・32P・24cm・2017年・ISBN978-4-7743-2653-5


CD29482